K.G. りぶれっと No.11

原子発見への道

ギリシャからドルトンへ

井上尚之 [著]

関西学院大学出版会

はじめに

　本書は、現代科学の物質観の一大パラダイムである粒子論の起源を探り、このパラダイムがいかに構築されてきたかを闡明しようとするものである。

　現代科学の物質観は、

分子→原子→電子＋原子核→電子＋(陽子＋中性子)→電子＋クォーク

と考えられている。そして、更に究極の粒子を求めて研究がすすめられている。これらの研究のすべては、究極粒子の階層的構造研究に他ならない。

　本書はこの現代粒子論の基である原子がいかに認められるようになったかを探究するものであり、そのためにギリシャ時代までさかのぼり、その物質観の究明から始めドルトンの原子論に至るまでの粒子論及びその階層構造がいかに考えられ、位置づけられたかの史的展開を試みるとともに、18世紀から19世紀初頭の『化学革命』の意義を再評価するものである。

2006年春

　　　　　　　　　　博士（学術）　理学博士　井上尚之

原子発見への道　ギリシャからドルトンへ

目次

はじめに 3

第1章　原子論の起源 7

第2章　アリストテレスの物質観 14

第3章　原子論の復活 19

第4章　錬金術とその思想 26

第5章　近代原子論の成立 30

  第1節　真空の発見：アリストテレス哲学の否定　30

  第2節　近代化学の黎明：ボイルの原子論　33

第6章　ニュートンの物質観 42

第7章　化学革命の主役 52

  第1節　元素概念の確立者：ラヴォアジェ　52

  第2節　原子量の決定者：ドルトン　56

第8章　原子からクォークへ 61

第1章 原子論の起源

　古代ギリシャの最初の哲学者タレスに始まりその後継者達によって建設されたイオニア（小アジア沿岸のギリシャの植民地）の自然学は、デモクリトス（B. C. 460 頃-370 頃）が登場した頃に最盛期に達した。デモクリトスの大量の著作は、僅かな断片が残っているだけでまとまったものは残っていないが、アリストテレス（B. C. 384-322）やテフラストス（B. C. 372-288）の著作のなかにかれの思弁がうかがえる。次にその主要箇所[1]を示す。

　［充てるものと空なるもの］DK. 67A6（Aristot. Metaph. A4. 985b4）
　レウキッポスとかれの友人デモクリトスは要素は充てるもの（アトム）と空なるもの（ケノン）であると主張する。

　［形態］DK. 67A9（Aristot. de gen, et corr, A2, 31566）
　デモクリトスとレウキッポスとはもろもろのアトムを立てて、それらによって質的変化と生成とをすなわちそれらの分離と結合とによっては生成と消滅とを、それらの配列と位置とによっては質的変化を説明する。そして彼らは現象のうちには真実があるが、その現象するものは相反するもので且つ無限であると考えたから、また形態も無限だとした。

[重さ、軽さ、及びその他]（Theophr. de sensu. 61sqq.）
ところでデモクリトスはアトムの大きさによって重さ軽さを区別する。というのは、もしおのおのアトムが一つ一つ区別されるなら、たといその形態が異なっていたにしても、大きさにもとづいて、その本性が重さをもつからである。けれども、もちろん重いアトムと軽いアトムとから混合された物体においては、より多くの空虚を有しているものがより軽く、より少ない空虚を有しているものがより重い。以上のように或る箇所では述べている。

[感官のその他の知覚]（上に同じ）
（アトム）は知覚される性質の何ものも本性を有しない、むしろそれらは凡て変化させられた感官の印象であって、これから表象は起こる。…彼はまた、この表象をアトムの形態に帰しているのである。ただし、彼は凡てのものについてではなく、ただ味と色についてだけ、その形態を示している。

デモクリトスの物質観は次のようにまとめることができる。

(1) すべての物質は、アトム＝原子とケノン＝真空からなる。
(2) 原子は不生不滅、不可視、不分割、なる微粒子で、その種類は無数にあり、相互変換不能で大きさ、重さ、形を異にする。
(3) 味、色、などの感性にかかわるものは、それらによって変化された感官の印象に基づく表象の表れであるとして、物質の質的差異と変化は真空中における原子の形態と配列と位置の差異と変化によって現れる。

デモクリトスの原子論を継承し、更に発展させた人にエピクロス（B. C. 342-271）とルクレティウス（B. C. 94-55）がいる。エピクロスの主著『自然について』は断片しか残っていないが、それをエピクロス自身が要約し

た『ヘロドトスへの手紙』が現存しておりその原子論を知ることができる。

『ヘロドトスへの手紙』[2] [(Ⅳ) 原子]
原子は、形状、重さ、大きさ、および形状に必然的にともなう性質をもっているが、それ以外には、われわれに現れる諸事実に属するいかなる性質ももたない、と考えねばならない。こうした性質はいずれもみな転化するが、原子は決して転化しないからである。というのは、合成体の分解のさいには、或る堅くて分解されないものが残存すべきであり、この或るものは、有らぬものへの転化をも、有らぬものから有るものへの転化をも起きず、ただ、或る原子が位置を変えたり、ときには、或る原子が付加したり分離したりすることによって転化するだけだからである。それゆえ、この位置を変えるものどもは、必然的に、不消滅であり、本性上転化しないものであり、それ自身に固有のかさと形状とをもっている。

また、原子の運動については次のように述べている。

[(Ⅱ) 全宇宙とその構成要素]
原子はたえず永遠に運動する。或るものは垂直に落下し、或るものは方向が偏り、或るものは衝突して跳ね返る。…そして、これらの運動には、始まりというものがない。なぜならば、原子と空虚とがその原因だからである。

エピクロスの原子論はデモクリトスの思弁を基本的には踏襲しているが、特長としては、

(1)「原子は永遠に運動する」にみられるように、真空中における原子の永久運動を指摘している。これは、現代にも通じる正しい考えである。

第1章　原子論の起源　9

> (2)「これらの運動には、始まりというものがない」の表現には後述するドルトンより以前の粒子論者、原子論者のような神がすべての創造主であるという思惟がない。

などが指摘できる。

次にルクレティウスの『事物の本性について』[3]をみる。

 葡萄酒が酒濾しをどれほど速く流れ過ぎるかは目にすることである。それに反してとろりとしたオリーブ油はゆるゆると流れる。
 それは、或は大きなアトムからできているためか、或はひどく曲がったり、互いにからみあっていてすぐアトムが離ればなれになって、一つずつそれぞれの孔をつきぬいてゆけないためである。
 それに加えて、蜂蜜や牛乳の液体は口に入って舌に悦ばしい感じを与える。
 これに反し、苦い「にがよもぎ」やいやらしい矢車菊はそのいやな味や香りで顔をゆがませる。
 たやすく分かるように、滑らかで円いアトムからできているものこそ感覚に楽しくふれるものなのだ。
 これに反し、苦くまた辛く思われるものは、みな、ひどく曲がって、もつれ、からみあっており、それゆえに、むりやりに押し通って私たちの感覚をいため、体につき入ってくるのである。

この『事物の本性について』全六巻は古代原子論の全体系を展開した唯一の現存する資料である。この書は何者も神の力によってさえ無からつくりえないという原子の結合と分離で自然界を説明している。感覚についても、抜粋部分からわかるように感官で知覚されるいかなる物体も形と大きさとを異にするだけの諸原子のある配合に他ならず、この原子の配合に対して我々がこれの性質であるとしてこれに帰するところの色、味、音、匂

い、触りなどという性質は、実はこの原子の合成体であるところの物体そのものに属する性質ではなくて、この物体が我々の感覚器官に及ぼす結果にほかならないことを主張している。

　以上ローマ時代までの現存する資料でみる限り、古代原子論は次のようにまとめられる。

（1）究極の物質は形、大きさ、質量をもつアトムである。
（2）アトムのないところが真空である。
（3）アトムの種類は無数であり、すべて形、大きさ、質量が異なる。
（4）アトムは不生不滅である。
（5）アトムが結合してすべての物質が生ずる。
（6）アトムは神によって創造されたわけではないし、その運動も神の意志によるものではない。

　アトムを原子でおきかえると、（3）のアトムの種類が無数である点を除いてすべて現代につうじるものである。いかにギリシャ、ローマの原子論者の直感が優れたものであるかが理解される。しかしながらつぎの点で近代原子論と決定的な差異がある。

（1）これらはあくまで思惟のみで生じたもので、実験が伴わない。
（2）エピクロスの時代は、アテネがスパルタとの戦争に負け、さらにマケドニアの支配下になり、反マケドニアの運動がおこっていた時代であり、騒然とした世の中にどう心安らかに生きるかという手段に利用された面がある。もっと具体的にいうと神罰や死のおそれ、迷信などに心惑わされることないようにさまざまな出来事をアトムと真空の自然的原因で合理的に説明した面がある。これが、エピクロスの快楽主義者といわれるゆえんでもある。ルクレティウスについてもローマの政治が神の怒りや迷信さえ利用する情勢のなかで心の平静、安心立命を図るための手だてとして利用した面を否定できな

第1章　原子論の起源

> い。つづまるところ当時の原子論は一種の無神論的宗教に近い面が
> あったことは否定できない。

　しかしながら全く実験が行われなかったわけではない。後述のエンペド クレス（B. C. 493-433）は、空気が目に見えないけれどもあるということをクレプシュドラという台所の水くみ道具を使って確かめた。底にあいたたくさんの穴から水をいれ、柄の上端にあいた穴を指で押えて引き上げると、その道具からもはや水の漏れない理由をエンペドクレスはまわりの空気が押しているためと説明している[4]。

　またリュケイオン（アリストテレス（B. C. 384-322）がアテネの東北郊外にたてた学校）の第三代学長ストラトン（B. C. ?-270）はアレキサンドリアで、空気は目に見えないが存在することをからっぽの容器を逆にしてまっすぐ水中に入れても水が入らないことで示したり、空気には小さな空虚が無数にあることを2ℓほどの中空の金属球に金属の管をはんだ付けしてそれを通して息を吹き込むと、いくらでも入ることで示すなどかなり系統的な実験を行っている[5]。こうした系統的実験を可能ならしめたものが自然哲学を科学へと変容させていったと推察される。それはアレキサンドリアにおける生産技術の賜物であろうということは想像にかたくない。彼の説はデモクリトスのいう真空は自然の状態においては存在せず、人工的にこれらが作られた時にはこれをただちに満たそうとするというものであった[6]。彼の学説は原子論を受け継ぐものであるが更に空気学として、ヘロン（1-2C頃）に引き継がれていった。ヘロンはストラトンの原子論とそれに基づく真空の吸引力、蒸気の噴出力、空気の圧力などを利用した78個の気体装置を考案している。それらは実用化されず単におもちゃとして使用されたが今日の蒸気タービンの原形もある[7]。尚、ヘロンの『気学』の序章はストラトンの『真空論』に基づいていることが、ディールス（1857-1928）の研究によって明らかにされている[8]。

　一般にギリシャ時代の科学は思弁的なもので実験的なものは伴わないと思われがちだが、その末期からローマ時代にかけては、産業、商業の発展

に伴って上述のように一部実験的なものが行われたのである。

　以上、古代原子論について概観したが、ギリシャ時代には、原子論に基づかないアリストテレスの物質論が大きな勢力を持っていた。これが後の錬金術につながり、17世紀に原子論が復活するまでに大きな勢力を持つようになる。以下に古代ギリシャの原子論以外の物質観を闡明する。

【註】

(1) 山本光雄訳編『初期ギリシャ哲学断片集』岩波書店　1955年

(2) 出隆　岩崎允胤訳編『エピクロス』岩波書店　1959年

(3) ルクレチィウス『物の本質について』樋口勝彦訳　岩波書店　1961年

(4) ファリントン『ギリシャ人の科学』上下　出隆訳　岩波書店　1955年

(5) 同上

(6) 同上

(7) 技術の歴史3、4　筑摩書房　1985年

(8) ディールス『古代技術』　平田寛訳　東海大学出版会　1970年

第2章 アリストテレスの物質観

アリストテレスに入る前にそれ以前の物質観を横観する[1]。

タレス（B. C. 640-546）水が万物の根源であるとした。
アナクシメナス（B. C. 588-524）空気が万物の根源とした。
ヘシオドス（B. C. 8世紀頃）土が万物の根源であるとした。
ヘラクレイトス（B. C. 541-475）火を万物の根源とした。

これらの一元論から多元論に発展させたのが前章のエンペドクレスである（12ページ参照）。かれは水、空気、土、火によってすべての物質が作られていて、物質の多様性はこれらが異なった割合の混合によって生じるとした。物質間の相互作用としては、同一物の間では互いに引き合い、同一でない物質の間では相反する力、愛と憎しみがあって、これが種々の現象を引き起こすものとした。このエンペドクレスの思想はプラトン（B. C. 427-347）の物質観[2]と結びついてまったく新しい様相を帯びるようになった。原子論者以外のギリシャ哲学者は物活論をとっていたが、プラトンはこれと正反対の立場をとり物質は意志の無いもの、まったく受動的で無抵抗な物と考えた。このプラトンの思想はかれの最大の弟子であるアリストテレスに引き継がれさらに発展させられていった。

アリストテレスがその元素論や物質転換の理論を主として取り扱ったのは『天体論』、『生成消滅論』、『気象学』[3]においてであるが、かれは存在を「形相」と「質料」との結合において把握し、月下界の物体を形作っ

ている通常の物質については、いわゆる「対立的諸性質」といわれる四つの基本的性質、温、冷、乾、湿がそれぞれ二つずつ組み合わさって、これが全く形相を欠いた単なる質料でしかない「第一質料」に結びつき、そこに元素とよばれる四つのもの、火、空気、水、土が成立する。すなわちこの四つの性質から二つずつとると六つの組み合わせが出来るが、このうち温―冷、乾―湿という組み合わせは、矛盾であるので除き、乾―温、温―湿、湿―冷、冷―乾の四つの組み合わせが残りこれらがそれぞれ火、空気、水、土に対応するとされる。火、空気、水、土は物質の基本的要素ではあるけれども、なんら究極的なものではなく、それの根底になお一層基本的な四性質があり、これが相互に交代することにより、必然的に元素も転換されることになる。たとえば図1において、冷を共通要素として湿を乾に変えるならば水は土になる。これをアリストテレス自身が挙げている例でいえば水を器の中で乾かすと土が得られる場合に相当する。

　アリストテレスによればさらにこの四元素をもとにそれが種々なる割合において組み合わされることにおいて現実のさまざまな物質が生じる。物質相互の違いというものは、その中に含まれている四元素の割合の違いに帰せられる。従ってすべての物質は、その要素たる四元素が相互に他に転じたり、あるいは外から他の元素が加わったりして、含んでいる元素の割合を変え、ほかの物質に変じることが出来る。金も鉛もともにこの四元素からなるのでこの割合を変えて鉛を金にすることは原理的には可能であり、ここに錬金術が保証されることになる。

　以上述べてきたことからアリストテレスの物質概念について特に注意すべきことは、それが根本的に質的な性格のものであるということである。四元素という実体がまずあってこれが温湿冷寒の性質をもっているのではない。基本的なものはむしろ四つの根本性質の方であって、これが対になって第一質料に結びつくことによって、そこに四元素が生ずるのである。従って元素の転換といっても元素の実体、いわゆる「第一質料」その物を変えるのではなく、これは常に不変にとどまるのでありただこれによって担われている性質が交代することによって、その性質の組み合わせとして規定

された元素もまた変化せしめられるのである。物質転換についても根本的には同じである。注意しなければならないことは、アリストテレスにおける元素や物質の転換は、現代における意味とは全く異なっていることである。前者においては、変えられるものは性質としての形相であり、それの担い手としての実体としての matteria prima ではない。しかし、現代における物質転換とは物質の実体そのものの転換である。

次にアリストテレスの運動論によると、物体はたえず作用する軌道車とじかに接触している時だけ運動を維持できるとする。運動が止まるのは軌道車が中断するか、接触を失った時である。石のような均質な物体が投石機から発射されると、真空をつくらないように石の背後に流れ込む空気によって運動が維持される。真空は存在し得ない。空間は物理的効果を直接的接触によって伝えるものであるから、物質で満たされなければならない。したがって世界が本質的に真空中の原子から成り立っているとする原子論者の不連続の仮定はアリストテレスによれば誤りであることになる。アリストテレスは「自然は真空を嫌悪する」と述べている。

では、392年にキリスト教がローマ帝国において勝利をおさめた後のギリシャ哲学はどのような運命をたどるのであろうか。

これ以後のキリスト教会のギリシャ哲学に対する態度は複雑であったと思われる。明らかに異教的なこの学問は、本来的には受け入れがたい見解を多く含んでいるのだが、キリスト教会は不信と危惧の念を抱きながらも、この異教的な学問を受け入れざるを得なかった。なぜならば、教育において利用できる学問は他になかったからであり、またアウグスティヌス（354-430）が主張したようにギリシャの学問をキリスト教の理解のために利用すべき、神学の侍女とする可能性も考えられたからである。

中世において、アラビア語の翻訳を通じてギリシャ語の学問がヨーロッパに伝えられるととりわけアリストテレスの哲学が大学におけるカリキュラムの中心になり、アルベルトゥス・マグヌス（1200頃-1280頃）やトマス・アクィナス（1225-1275）のようなスコラ哲学者により研究され積極的に取り入れられていった。このように、アリストテレスの影響がスコ

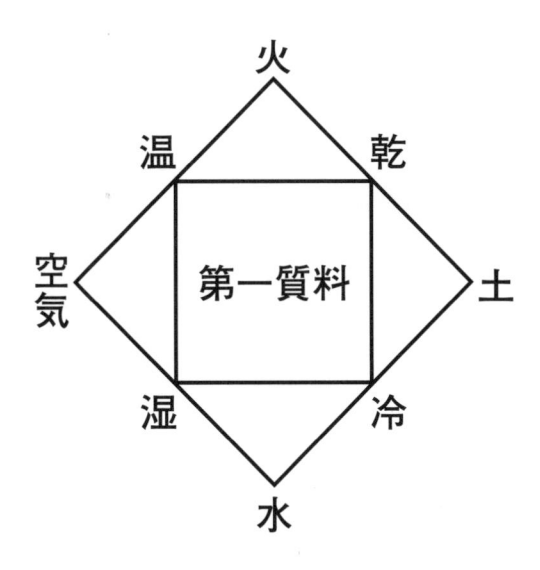

図1：アリストテレスの四元素説

ラ哲学に大きかった理由は、おそらくとくにかれの論理学や宇宙論がキリスト教神学の枠組みを作るのに役立ったからであろうと考えられる。つまり、無生物、生物、人間と自然界は神の定めた計画に従って、それへ向かって秩序づけられているというアリストテレスの目的論は、まさに中世の封建的な身分制度を守り、表現する考え方としていかされたのである。しかしかれらの自然観はどこまでも追求を許す無限のものではなく、神の計画によって限界づけられた有限のものであった。そこでスコラ哲学者の間で、神を知る前にまず自然界の個物を経験、感覚、すなわち実験、観察によってしるべきであるという唯名論論争や、自然は果たして有限か無限かといった論争が13〜14世紀にパリ大学やオックスフォード大学で行われるようになった。ロジャー・ベーコン（1214-1294）は、scientia experimentalism（実験科学）という考えを提示して、自然諸科学の理解のためには「実験」が必要とした。また、唯名論の盛んなパリ大学のニコル・オレム（？-1382）、ビュリダン（1300頃-1358頃）は宇宙を無限と

第2章　アリストテレスの物質観　17

考えるならば、宇宙の中心を一つとし、そこへ地球を位置させる伝統的な天動説を支持する必要は必ずしもないとし、もっと事柄を相対的にとらえるべきだとして、すでに地動説のための思想的準備を行っていた。この考えは 15 世紀のニコラウス・クザーヌス（1401-1464）、16 世紀のジョルダーノ・ブルーノ（1548-1600）に受け継がれる。

【註】

(1) サートン『古代中世科学文化史 1』平田寛訳岩波書店　1969 年
(2) 山本光雄編『プラトン全集』角川書店　1975 年
(3) 出隆監修『アリストテレス全集』岩波書店　1971 年

第3章 原子論の復活

ブルーノ（1548-1600）の原子論

　アリストテレス哲学の批判者であるブルーノは質料が多くの原子の集まりであり、一定の円形を持つ小物体であると考える。原子と真空だけでは宇宙の説明に不十分であり、諸原子を膠着させる質料が必要だという。しかし原子論を取り上げたのは物質的存在と精神的存在とに通じる個体的実体を、形而上学的一行として考えようとする態度においてであって、物質的要素が原子であると共に、物体も宇宙も神もすべて不可分の一者であると考える。そして質料も単に物質的存在であるのみならず、精神的存在の基体であると考えている[1]。ブルーノはアリストテレスと同様に物体は形相と質料からなると考えているが質料自身は物体ではなく連続的な媒質でなければならない。もしも質料が原子の集まりとするならば質料の要素であるはずの原子が再び形相を持つことになり矛盾を生じてしまう。

　ブルーノの原子論と古代原子論の差異は、諸原子を膠着させるのに質料を考えたこと、そこに精神を含めたこと、そして結局すべてを「神」の力に帰着させたところにあるといえるであろう。

ガッサンディ（1592-1655）の原子論

　17世紀に現れた原子論で文献[2]が残っているのはガッサンディである。ガッサンディ哲学の目標は、アリストテレス哲学を批判することであり、このためにかれはエピクロス原子論を武器にして自分の哲学に採用した。かれの思想は主著『哲学集成』（syntagma philoso - phicum）の中で述べ

られている。この著書の中でかれは、原子論に先立ち、宇宙論を展開している。ガッサンディの宇宙論の基本は、「時間」と「空間」とが、神による天地創造の以前から、神とは独立に、無限なもの、不動なもの、非物質的なもの、として存在したということであった。しかし、かれの「空間」と「時間」の概念が、神が万物の創造主であることを否定することになるかもしれないという疑念を打ち消すために、ガッサンディはスコラ哲学的概念を用いて、この種の空間や時間は「仮想的なもの」であることを述べた。ガッサンディの原子論は、基本的には、デモクリトス、エピクロス的原子論である。ガッサンディの原子は、均質であるが、大きさ・形状・重さが異なり、あらゆる変化は原子の運動によって生じる。ガッサンディは物体の性質を原子の大きさや形状の特性によって説明した。例えば、冷たさは、ピラミッド型の鋭くとがった寒冷原子によって生じ、熱は急速な運動をする小さくて丸い形の原子によって生じる。火は多数の熱原子の集合体であった。この点においては、古代原子論をまさに踏襲している。しかし、17世紀においてかれの原子論がきわめて重要であったのは、原子論をキリスト教的に解釈して異教的、唯物論的原子論を浄化したことであった。まず第一に、原子が永久不変的なものであること、および原子の数は無数であって、あらゆる種類の形の原子が存在するということを否定した。ガッサンディは言う、

> 原子は物質の根源的形態である。神は原子を初源時に有限に創造してこの可視的世界を形成し、最後的には、神が原子に対して定め許容した変化から、宇宙に存在するあらゆる物体が構成される。

またかれによれば神が原子を個々別々に創造した訳ではない。神は階層的構造を持つ物体を創造したのである。

> 微小究極粒子より組み立てられている物質のかたまりを神が創造された時、物質と共に、これらの微小物体も創造されたとみなすことが

できよう。

　とかれは述べている。第二に、ガッサンディは、原子が本性的に自ら運動する力能を持つということを否定した。そうではなく、

　　　原子は神が創造時において植えつけた、運動的活動的力能により運動し活動する。

とする。神はあらゆる事物を服従させ保持しているが故に、この力能は神の意志のもとに機能する。また、

　　　原子は、神が定めた目的と効果を果たすために必要だと予知する程度に応じて相互に作用し合う能力を神より与えられた。

　つまり、ガッサンディの世界は、神が宇宙を自らの設計に従って創造したのみならず、あらゆる事物の構成要素である原子を通じて、自らの意志を遂行する世界である。
　ガッサンディは、質料や形相といったアリストテレス的な思弁を完全に捨てさった点において、ブルーノを完全に乗り越えている。しかしながらブルーノ、ガッサンディともに全く実験を伴わない思弁としての原子論である。それがこれから述べる近代原子論との決定的な相違である。この二人の意義をあげれば次のようになろう。

> (1) 中世においてタブーであった古代原子論を復活させ、キリスト教の神の意志に添うように解釈し直したこと。
> (2) 後の実験を行ったボイルなどの近代原子論者たちに大きな影響を与えたこと。

　ガッサンディはフランスで活躍したが、かれと同時代のイタリアの大科

第3章　原子論の復活　　21

学者ガリレオ・ガリレイ（1564-1642）がどのような物質観を持っていたかを知ることは興味のあることである。

ガリレオの物質観

ガリレオはかれの著書『新科学対話』3)のはじめの部分で、物質の凝集について考え、金属が熱せられて溶ける場合に、金属の粒子的構造において何が起こっているかを示している。有限な線や面や立体が、無限小の原子（すなわち点）の無限数と考え得ること、しかもそうであれば、一寸の長さの線分にも、等しく無限数の非分割者（原子）が含まれることになるが、この場合、短い線分と長い線分とでは、原子の分布が異なっていて、長い線分には空虚（無限証の空虚）が多く含まれていると想定している。また、金属が火に溶ける場合については次のように述べている。

> 固体の状態における金属原子は無限小の無数の空虚を含んでおり、「真空の嫌悪」というアリストテレスの原理により、各原子は固く結合しているが火の原子がその空虚に侵入すると、その結合力がゆるめられると考えてよいのではないか。

ガリレオの物質論をまとめると次のようになる。

---
(1) ガリレオの原子は大きさを持たない点原子である。
(2) ガリレオは古代原子論とアリストテレスの「真空の嫌悪」を独自に融合させた原子論を持っていた。

ガリレオは多くの物理実験を行ったが、化学実験を行ったという記録はない。しかし『新科学対話』の中で、空気を圧縮して詰めたフラスコはただのフラスコよりも重いことを精密なはかりを用いて示している。また、井戸の深さが10 mを越すとポンプで水をくみ上げることができないことを指摘しているので、「真空嫌悪」を認めながらも片方では真空の存在を

認めていることもうかがえる。しかしながら、ガリレオの晩年の弟子であったトリチェリーは、真空を証明してアリストテレスの自然学を打破している。これについては後章で詳述する。

さらにこの時代の偉大な哲学者にフランスのデカルト（1596-1650）がいる。かれの物質観をみることも近代原子論への影響を考える上で有用であろう[4]。

デカルトの物質観[5)][6)]

デカルトによれば、宇宙は物質で充満しており、宇宙の回転により、さまざまな大きさの粒子に無限に分割される。したがって、原子（究極粒子）のような不可分割の基本粒子は存在しない。デカルトの粒子状物質は、地上物質（第三物質）、空気に相当する天界物質（第二物質）、火に相当する第一物質に分かれる。地上物質は、三つの基本的形状を持っており、物体の性質は、基本粒子の形状によって説明される。例えば、ミョウバンのような、鋭角的な結晶形と腐食作用を持つ鉱物質をつくる粒子は、尖っていて、刃のようにとぎ澄まされている。デカルトは機械の部品に相当する自然界の部品を目に見えない微粒子と考え、これらの形、大きさ、力学的な運動によって自然界の諸現象が説明されるとした。いわゆる力学的粒子論であり、古代原子論の発展形態と見ることもできる。この粒子論は、もちろんスコラ的な目的論と対立する。スコラ哲学では自然界があらかじめ定められた神の計画を目的として秩序づけられ運動すると考えるが、この考えはさらに発展して、たとえば炎によって木が燃え火となるのは「目的」（形相）である火となるはずのもの（実体）が木のなかにあったとする考え、すなわち「実体形相論」になった。これに対してデカルトは、炎を激しく運動する微粒子と考え、これが木を作っている微粒子を激しく動かして、これを火とするというように、自然界から「目的」を追放し、自然を自然的原因から説明することを可能にした。

デカルトは、無生物だけでなく動物体や人体まで機械じかけと考えた。たとえば、神経作用によって身体各部が動く有様を、

脳に到達した血液が炎というべき「動物精気」に変わりこれが神経管のなかを、あたかも水が水管を伝わり庭園の水力機械を動かすように伝わる。

　と述べている（人間論）。ここでも、神秘的な「霊魂」によって身体が動かされるとするスコラ哲学の「目的論」を追放し、不十分ではあるが、自然界を科学的に捕らえる道を開いたといえるであろう。このような機械論的な積極的側面をデカルトは更に発展させ、この宇宙を単にできあいの機械としてではなく、進化し発展したものととらえた。これは同時代の多くの機械論論者、たとえば前出のガッサンディなどとデカルトを大きく区別する点である。かれによれば、はじめ神は完全に固い無限の物体を作り、それを分割してあらゆる方向に運動を与えカオスを作る。別に神は力学の法則（慣性の法則や運動量保存の法則など）を作ったので、あとは物体が自力で天を作り、星、太陽、地球を作る。この詳しい生成の過程が、「宇宙論」後半部に書かれており、さらに地球の地殻の形成（哲学原理第四部）や人体の生成（人体の記述）に及ぶのである。

　しかしデカルトはこの発展的自然観を自己の哲学としては公表しなかった。ガリレオの宗教裁判に衝撃を受けたデカルトは、教会権力と妥協して、自ら「宇宙論」や「人間論」の出版を止めた。デカルトは化学的な実験は行っておらずその物質観はあくまで思弁的なものに過ぎない。デカルトの物質観をまとめると次のようになる。

（1）デカルトは粒子論をとるが、この粒子は不分割の究極粒子ではない。
（2）デカルトは真空を認めない。
（3）デカルトは初期においては、創造後の粒子が神の力学法則に従って発展的進化を遂げるとした。

　今まで述べてきた人達は、本格的な化学実験は行っていない。しかし実は中世を通じて物質に関する実験が連綿と行われてきたのである。この技

術が近代化学の礎(いしずえ)となっていったのである。これが『錬金術』と言われるものである。近代化学、近代原子論はこの錬金術抜きには語れない。次章では、この錬金術の実態とアリストテレス哲学、原子論との関連を闡明する。

【註】

(1) 野田又夫『ルネサンスの思想家たち』岩波書店　1985 年
(2) C. B. Brush (ed.), The Selected Works of Pierre Gassandi, (New York and London, Johnson Reprint, 1972)
(3) ガリレオ・ガリレイ『新科学対話』上下　今野武雄　日田節次訳　岩波書店 1948 年
(4) 『デカルト著作集』全四巻　白水社　1973 年
(5) J. R. Pertington, The Origin of Atomic theory, Annuals of Science, 4 (1939)
(6) Marie Boas, The Establishment of the Mecanical Philosophy, Osiris, 10 (1952)

第4章 錬金術とその思想

　錬金術の正確な起源は定かではない。エジプト、バビロニアにおける古くからの化学技術の発展、および当時の神秘的な占星術、それに加わるにアリストテレスを中心とするギリシャの自然哲学、の三つがその源泉となっていることが考えられる。このような錬金術についての最初の著作をなした人々は確実なところではキリスト紀元頃のアレクサンドリアの学者たちであり、そこでは前述の古代東方の化学的技術や神秘術がギリシャの哲学的物質観と、おり混ぜられている[1]。この種の最大の文書は2～3世紀のものと考えられている『ライデのパピルス』[2]である。この中では、主に金属の着色が述べられている。例えば、銅を砒素化合物および菱亜鉛鉱により、それぞれ白色の銅と砒素の合金および黄色の真鍮を作り出し、この白色化や黄色化がそれぞれ銅の銀および金への移行の過程であると考えられたのである。前述のアリストテレスの形相主義的性質的物質観によるならば、そのような表面的な性質の変化によって、物質が変化したと考えることは十分に可能であるばかりでなく、そもそも物質そのものがそのような直感的な性質によって把握されていたと考えることができるのである。

　アリストテレスの性質的な物質概念とこのようないくつかの実験的事実によって、人々は卑金属を貴金属に変えようという欲望に燃え、種々なる宗教的神秘的感情を交えながら、さまざまな化学的実験にはいっていった。シネシオスやパノポリスのゾシモス、アレクサンドリアのステファノスやオリュンピアドロスのような後期ギリシャの錬金術はシリアを経て7

世紀から 10 世紀にかけてアラビアに伝えられた。ここにおいて更に進歩を遂げる。このアラビアの錬金術において忘れてはならないのが、『ゲーベル文書』[3] である。この書はジャーベル・イブン・ハイヤーンによるとされるが、この人物が実在したのか、あるいはある集団がこの名を使ってこれらの文書を書いたのかは定かではない。ゲーベルの名をかたるこのおびただしい書物の中には『金属貴化秘宝大全』[4] を初めとする多くの著作があるが、それらは 13 世紀までの錬金術の種々なる見解を総合し、同時にいろいろな物質製造の優れた処方を与え、化学器具の説明使用についても中世錬金術の貴重な遺産を残している。特に注意しなければならないのは、アリストテレスの四元素説が、多分に金属処理の実用上の必要性にせまられて、ある種の修正がなされたことである。それはすべての物質が水銀（mercuris）とイオウ（sulphur）から成るとしたことである。つまり両者の量の割合により種々なる金属が生成される。もちろんここでいう水銀や硫黄は、今日の Hg, S という実体ではない。それはあくまでも性質の表現であって、前者は例えば延性揮発性という性質を代表するものであり、後者は可燃性と金属の色についての性質を示すものであった。したがってこのような性質だけを純粋に示す「哲学的水銀」や「哲学的硫黄」は現実の水銀や硫黄とは区別され、後者は前者により再び構成されているとした。この mercuris と sulphur の両者の割合を適当にすることにより、最も高貴な金属を得ることができる、というのがここでの錬金術の根本思想であった。

　さらに 16 世紀にいたりパラケルスス（1493-1541）はこの硫黄—水銀に対して、さらに不燃性、固定性を代表する塩（sal）を加え、三原質（tripprima）説を提唱した。かれは、言う。

　　　人間は三つのもの。硫黄、水銀、塩、からなっている。そしておよそ存在するすべてのものもこれらからなっていて、これ以上の要素があるわけでもなく、これ以下の要素があるわけでもない[5]。

さらに続けて塩を原質として新たに導入する理由を述べている。これなしではすべてのものが本来の傾向性によって腐敗と分解への過程に落ち込んでしまうとしている。かれはこのように人間も三原質からなるとすることにより、いっさいの病気はこの三原質の適正な割合の不均衡から成るとした。医学的関心が卓越している彼は、錬金術を金属貴化の術としてよりも、むしろ自然物を人間に有用なものに変化させること、と定義している。かれはルネッサンスの最大の錬金術師であったばかりでなく、常に実験の必要を強調し、多くの化学上の試薬や薬品を製造することにより、化学の進歩の上に多大な貢献をした。
　このようにしてアリストテレスの四元素説とパラケルススの三原質説とはその後の物質観の基礎と成ったのである。そして近代化学が成立するためには、この両者の物質観が克服されなければならなかった。
　以上をまとめるとつぎのようになる。

> (1) 錬金術を貫く物質概念は本質的に性質的なものである。物質転換も性質の転換で合って、必ずしも実体の転換ではない。
> (2) 錬金術の根底にはアリストテレスの性質的な元素の物質概念に基づくものがあり、変化は materia にはなく、それと結びつく形相、性質にあった。

　これらのことから、錬金術の原理的な否定は同時に新たな物質、元素概念の樹立を必要とし、それと必然的に結びつくということが帰結される。そしてこの古代、中世の性質的物質概念から近代の実体的物質概念への転換にはロバート・ボイル（1627-1691）を時代は必要とした。

　次章では、「自然は真空を嫌う」として真空を否定したアリストテレス哲学を根本から揺るがすことになった、トリチェリー（1608-1647）の真空実験から始めて、ボイルの思想を究明する。

【註】

(1) ベルトロ『錬金術の起源』田中豊助　牧野文子訳　内田老鶴圃新社　1973 年
(2) 同上
(3) テイラー『錬金術師』平田寛　大槻真一郎訳　人文書院　1978 年
(4) 同上
(5) A. W. Waite(ed.), The Hermetic and Alchemical Writings of Aureolus Philipus Theophrastus Bombast of Hohenheim, called Paracelsus the Great (1894), Vol. 1

第5章 近代原子論の成立

第1節 真空の発見：アリストテレス哲学の否定

ガリレオの晩年の弟子であるトリチェリー（1608-1647）はかれの友人リッチに宛てた手紙（1644年6月11日付）の中で真空の実験について次のように詳述している。

> 我々は次の図（図2）に示すような長さ2キュービット（約46インチ）のA、Bという二つのガラス容器を作りました。これに水銀を満たし、はじめこのガラス管の開いた方の口を指で押さえ、Cのところに水銀の入っている容器にこの管を立てます。そうするとガラス管の上部は空になり、その空の部分は何も起こりませんでした。そしてADの水銀柱は29.75インチの高さまで下り、止まりました。ガラス管の上部が全く空であることは次のことからも示されます。すなわち下の水銀を満たした容器の水銀面上に、Dのところまで水を満たして、そしてゆっくり水銀の入ったガラス管を引き上げると、その口のところが水のところに達するやいなや水銀は口からおち、その代わりに水が非常に激しい勢いで管に流れ込み、この空所をうめてしまうのです。この実験はこのガラス管が、上の空所の部分と、非常に重いADの水銀の部分からなっている時に行われました。水銀が落下しようとするその本性に反して、このように支えられている力は、今まではガラス管の内側にあると信じられていました。これは真空、または非常に希薄になった水銀の蒸気のどちらかによるものと考えられていたので

す。しかしながら私はこれが外部からのものであり、管の外側からやってくるのであると主張するのです。液体の表面は、実は50マイルもの大気の重さの加わった底にあるのですが、管の中の水銀には押したり引いたりするような力は何も加わっていないのであって、それなのに管の外側の空気の重さと釣り合っているというのは不思議に思われるかもしれません。この実験を水銀ではなく、水を用いて行うと、もっと長い管が必要なのであって、水の場合ならば、それはほとんど18キュービットの高さにまで押し上げられるでしょう。このように水銀に比べ水が非常に高くまで持ち上げられるのは水の方が水銀よりも軽いからであって、このことから平衡に達するためには互いに同じ力で押しつけられているのです。

　今までのべた結論は、さらにA、B二本の管を同時に用いて実験してみると、両者とも同じ高さABで水銀がとどまることからも確かめることができます。なぜなら、AEの部分はBの部分に比べるとずっと大きいから、AEの方がBに比べて、その中がずっと希薄な物質になっているはずであり、それならばAEの方が水銀を引き上げる力がずっと大きく、この方が水銀柱が余計に上昇するわけなのですが、実際は、両者とも同じ高さABで水銀がとどまるのであってこのことは水銀に働く力が外部からのものであることをほとんど確実に示したことになるのです。

　私は、今まではすべて真空の恐れに着せられていたいろいろな現象を、このような見解から説明したのです。そして今までに私の見解を支持しないようないかなる現象にもであっておりません[1]。

手紙の内容を要約すると次のようになる。

(1) 水銀を満たした管を水銀が入った容器に立てると、水銀が下に落ちて管の上部が空になるがこれはまさに『真空』に他ならない。
(2) 水銀が途中で止まるのは、外部の大気の重さが水銀を押しあげてい

> るからである。つまり大気圧と水銀の重さがつり合っているからである。

　1646年、フランスのルアンにいたパスカル（1623-1662）にこの実験の話が伝えられた。ルアンはガラス工業の中心地であったのでパスカルは、16mのガラス管を作らせ公開の大実験を行った。一端を閉じた二本のガラス管の一方には水を、他方には葡萄酒を入れて、トリチェリーの実験を行うと、揮発性の葡萄酒よりも水のほうがより下まで下がった。したがって、水の上の空所は真空に違いないと彼は考えた。また、液柱の高さが、液面を押しつける大気の重さで決まるのであれば、高所ではトリチェリーの水銀柱の高さ76㎝より低いであろうと考えたかれは、義兄のペリエに頼んでオーベルニュ山中のピュイ・ド・ドーム山（標高約1,000m）で、トリチェリーの実験をしてもらったところ登るにつれて水銀柱の高さは低くなり、山頂では8.5㎝低かった。実験は見事に成功であった。この報告やかれが行った実験に基づいてパスカルは、『真空に関する新実験』(1647)[2]や『流体の平衡に関する大実験談』(1648)[3]を著した。

　こうして「自然は真空を嫌う」という二千年来のアリストテレス哲学のテーゼは実験的に拒否された。ここにデモクリトス以来の原子論が復活する素地が整ったのである。

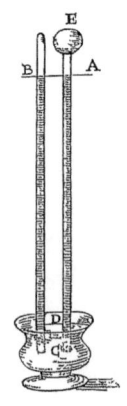

図2：トリチェリーの真空実験装置[4]

第2節　近代化学の黎明：ボイルの原子論

　ロバート・ボイル（1627-1691）は、アイルランドの第一代コーク伯リチャード・ボイルの第七男として 1627 年に生まれ、イートン校で教育を受けた。12 才よりスイスのジュネーブで個人教育を受けた後、イタリアに旅行し、ガリレオの著作に触れた。イングランドにおける内乱の勃発に伴い 1644 年に帰国し、一時ロンドンに住む姉のもとにみをよせた。子爵と結婚した姉はラニラ夫人（1614-1691）と呼ばれ、議会主義の支持者として名をしられ、プロテスタントの改革派と親交があった。この頃ロンドンでは、invisible school（見えない学校）という科学会が組織されていた。ボイルはこの会の有力な会員になった。この会は後の Royal Society（王立協会）に発展する。小さい時から虚弱であったのではじめ医学に興味を持ったが、やがて化学に関心を持つようになった。1645 年より 1652 年まで、父親により遺贈されたドーセット州ストールブリジに移住しウィルキンズ（1614-1672）らの科学者グループに加わったが、しばしばロンドンを訪れて、1668 年よりロンドンに住んだ[5]。ボイルの原子論が最初に現れるのは、青年時代（1653 年以前[6]）に書かれた、『原子論について』という論文である。その中でボイルは次のように述べている。

　　デモクリトス、レウキッポス、エピクロスやかれの同時代人によって創案された、あるいは要請された原子論哲学は、たまたま破壊を免れた逍遙学派の哲学は別としてすべてのものが、野蛮人と蛮行との氾濫によりローマ世界より追い払われて以来、ヨーロッパの学院からは全く無視されるか、破綻した不合理な体系としてのみ言及されるかのいずれかであった。しかしより公平で探究的な我々の時代において、ガッサンディ、マグネヌス、デカルト、とかれの弟子たち、我々の同国人で有名なケネルム・デックビィ卿、そして特に磁気的、電気的作用を扱っている他の多くの著作家の学識ある筆によって、原子論哲学は、ヨーロッパの各地できわめて首尾よく復興され、極めて巧妙に世に知らされたので、今ではもはや笑殺するにはあまりにも重要なもの、

真摯な探究に値する重要なものとなった。

　原子論者がつぎのような不平を述べるのは十分な理由があろう。すなわち、アリストテレスは、嫉妬からかれ以前の者の見解を不当な観念で表現したが、この同じ嫉妬からかれはデモクリトスとエピクロスの見解を極めて不公平に表現したと。また、デモクリトスとエピクロスが、原子という語で意味するものは、絶対的に不可分で何らの量を持たないと想定される故に、物体の構成要素とはなり得ず、またどれだけの数がより集まっても三次元の量からなる何者をも構成することができない数学点であるとアリストテレスは言い表したと。しかしながら、原子を主張する者が atom という言葉によって意味しているものは、創造力の鋭利な刃物によってさえ分割することのできない全く量を欠く不可分な点、数学的点ではなく、minima naturaria すなわち物体の最小粒子なのである。かれらがこの粒子を原子とよぶのは、それ以上小さな部分に分割されるとは想定できないからではなく、と言うのは、すぐ後に示す予定であるが、かれらは原子に量と形の両方を認めているからであり、想像力によってはさらに分割されるが、自然によってはそれ以上分割されないからである。自然は自然物体の分割を無限に続けることはできないのであるから、必然的に分割をどこかで停止せねばならず、どうしてももうこれ以上は細分できない物体というものに至らねばならない。これこそまさしく原子と呼ぶことのできるものである。

　現代の原子理論の拠り所となっている仮説のいくつかは、不合理どころではなく斬新なもののように思われる。というのは、第一に、今記したように、自然は無限に分割することはできず、最大限可能な最終的分割点に到達するのだから、必然的に原子を構成しなければならないという理由からだけではなく自然の現象のほとんどかくかくしかじかの質と性向を与えられた原子の産出物であるように見えることによって原子の存在を立証するように思われるという理由からも、上述の概念における原子が存在することはきわめてありうることのように

思われる。一見そうには見えない葡萄酒や牛乳も実のところそうであるが、similar body（同種的物体）が原子によって構成されているということは、極めてあり得ることである。なぜならば、そうであるからこそ、それらの物体の粒子は非常に小さく、かつ粒子が構成する全体と同一本性のものなのであるから。例えば、Aqua fortis（硝酸）に溶かされた銀とこの溶媒とは非常によく濾過されるので、溶けた銀と溶媒はともに円錐状濾紙を通り抜けるであろうが、きわめて微小なため溶媒の透明さをそこなうことのないこの金属の不可視の粒子は、沈殿させてみればわかるようにそのどれも真の銀なのである[7]。

以上まとめると次のようになる。

---

(1) ボイルは古代ギリシャのデモクリトス、エピクロスまた中世のガッサンディ、デカルトの原子論、粒子論によく通じていた。
(2) アリストテレス哲学を批判している。
(3) 銀を溶かす実験を実際に行っており、実験からも原子論を支持している。

更にボイルは、1661年に『懐疑的化学者』を著した。この本は、アリストテレス哲学、特にパラケルスス派（医化学派ともいう）の理論を新しく発展している産業やかれ自身の豊富な実験例によって批判している。

例えば医化学派は、どんな物体も火によって必ず三つの元素（硫黄、水銀、塩）にわかれるという。木が燃えて出る炎は色合い強く可燃性だから硫黄、煙は揮発性だから水銀、苦みある灰は塩でありそれぞれが原料物質に前もって入っていると考えていた（27〜28ページ参照）。そこでボイルは、灰と砂とから似ても似つかぬガラスができる産業上の例や赤色の鉛丹（Pb_3O_4）とすっぱい酢酸から甘い鉛糖（$Pb(CH_3COO)_2$）ができるなどの複雑な実験例を示して、化学変化というものが原料と質的に違った生成物を作るという側面をはっきりさせた。

第5章　近代原子論の成立　　35

またボイルは、医化学派が、火による生成物を三つに限ろうとするあまり、実験中に放出される気体をつかまえず、沈殿物や残渣を「死んだ頭」（役立たないものの意味）といって生成物として認めないことを批判した。ボイルはたとえば先の例で、鉛糖をさらに乾留してアセトン（CH_3COCH_3）を捕集したり、残渣から鉛をとりだしたりして、反応生成物を全て捕まえる必要を示した。

更にボイルは、医化学派のいう元素が、ほんとうにそれ以上分解できぬ単一なものかどうかを調べた。そしてかれらが塩といっているものにも、アルカリや酸があることを、スミレ汁やリトマスを使って初めてはっきりさせた。そしてこれらの物質が純物質なのか混合物なのかを検出する方法試薬をいろいろと開発した。

ボイルの実験法は次のようにまとめられる。

---

(1) 質的変化の確認
(2) 反応生成物の全面把握
(3) 物質の特性判断

『懐疑的化学者』のなかでかれはその物質観を次のように述べている。

命題—Ⅰ 最初の創造のさい、混合物体をつくった宇宙の諸部分、とりわけ普遍物質（universal matter）は、さまざまに運動しているいくつかの形や大きさをもった微粒子に分割されていたと信じても、不合理ではないと思われる。

命題—Ⅱ これらの微粒子（minute particle）のうち、最小にして隣り合った微粒子どうしは、互いにここかしこに集まって、小集団（minute mass）あるいは群（cluster）をつくり、それらが更にまとまり、容易には元の微粒子にまで解離しないような小さな始原的結成体（primary concretion）あるいは集団を多数結成した、と言うことは不可能なことではない[8]。

命題ーⅠはボイルの原子論の基本的立場を表明したものである。つまり、あらゆる物体は微粒子からなるが、この微粒子には形、大きさで区別される数種類のものがあり、それぞれ多様な運動をしている、と考えるのである。

　命題ーⅡこの命題こそが現代の我々が採用している物質論のパラダイム物質の階層構造に他ならない。混合物→物体→分子→原子→素粒子と連なる物質観に対応するものである。ボイルによれば、物体は微粒子を構成単位としつつも、単にそれらが寄り集まってできているのではなく、上の引用にあるように、混合物→物体→集団→小集団→微粒子といった順のいくつかの段階で築き上げられているのである。これまでの章で述べてきたように、古代原子論者もボイルよりまえの原子論者もこのような多段階の階層論は誰も述べていないのであってこの点からボイルは近代原子論、近代化学の祖であるといってよいと思う。

　またボイルは物質の性質の違いについて『形相と質の起源』の中で、次のように述べている。

　　わたしはあなたに素直にこう述べよう。すなわち、すべての金属は、そのほかの物体と同様に、それにすべてに共通する唯一の普遍物質からできており、そのうえそれらの金属を形成している微小部分の形、大きさ、運動ないしは静止と構造だけが違っていて、それらの個々の物体を区別する物質の属性、すなわち諸性質が生じるならば、ある種の金属をほかの種類の金属に変えることはなんら不可能であるとは思わないのである[9]。

　ボイルによれば微小部分すなわち原子または原子集団の形、大きさ、運動、静止、構造によって物質の性質が決まるのである。つまりここでは、アリストテレ派や医化学派がこれらの性質を説明するものとして考えた実体形相のごときのものはなんら必要とされない。ある物質と他の物質の差異は単にそれらの粒子、粒子団の配列に依存し、それらの間に起こる運動

と、そのいろいろな可能な結合様式の相違に帰着する。このようにボイルは一切の性質をそれの基盤となる実体的な物質の構造の違いによって説明するが、それはたとえば熱さ、冷たさ、色、味に始まり磁気電気のようなものに至るまでそうである。

　特に注意しなければならないのは、上の引用文で述べているように、ボイルが物質転換を可能と考えていたことである。すなわち一つの金属を他の金属に転換することは、すべての化学変化におけると同様に、その金属をつくっている微粒子構造を変化させることにほかならない。ある金属をつくっている微粒子の結びつき方を変え、他の結びつき方をつくりだし、ほかの金属に変えることが原理的に可能であることは上述のかれの物質観から明らかであるから、かれの金属転換の可能性の信仰は、かれの微粒子哲学の一つの帰着にすぎないといえる。

　さて彼はこのような微粒子哲学、機械論哲学によって医化学派の実体形相や錬金術の神秘主義を克服し、一切を根源的な微粒子に還元して、旧い元素観念を打破したが、しかしそのことによりかれ自ら新しい元素観を提出することはなかった。かれは『懐疑的化学者』の中で次のように述べている。

　　　誤解を避けるために、わたしがここで元素（element）という何を言い表そうとしているかをお伝えしておかなければなりません。医化学派が原質（principal）という語に関して一番分かりやすく述べているのと同じようにして、元素をある始原的で単一な物体、つまり全く混合していない物体という意味で用います。これは、何か他の物体からなるものでなく、完全な混合物と呼ばれるすべての物体を直接つくり上げている成分のことであり、この混合物体が最終的にはそれへと分解していく成分のことであります。さて、元素化されたと称される物体の各々全てが、こうした混合物体中に常に存在するか否かが、今、私が問題としていることなのです [10]。

というのであり、さらにしばらく議論した後、

> 自然があらかじめ存在する諸元素として全ての他のものをそれから合成せねばならないような、原始的で単純な物体が存在すると、我々がなぜ信じなければならないのかその理由がわからない[11]。

と結論している。ボイル自身はここで言われている意味での元素の存在を疑っているのであり、むしろその存在を否定しているのである。ここでのべられている元素の概念はボイル自身のものではなく、かえってかれが批判しようとするアリストテレスや医化学派のものにほかならない。すなわちかれらにおいては元素とか原質とかいわれるものは全ての物質に常に例外なく見いだされるものであり、たとえば任意の一物質を取ってきた場合、医化学者たちによればその量の配分が種々異なるにしても、常にそのなかに硫黄、水銀、塩の三つが存在せねばならず、そこにたとえばたまたま塩がかけていたということはありえない。もしそのようなことがあれば、塩はすでに元素たる意味を失うのである。そこでボイルはこのような元素の存在を否定して、かりに一定数の元素があるにせよ、常にその全部がすべての物質に含まれている必要はなく、そのいくつかがある物質をつくり、また他のいくつかがほかの物質をつくっているということも可能であろうというのがかれの言いたかった真意であり、そしてもしすべての物質に常に見いだされるものということを言うならば、それはほかならぬかれの微粒子以外の何者でもないとするのである。

ボイルのこの旧概念の批判によって、たしかに新しい元素観への第一歩が踏み出された。しかしあくまでも第一歩である。なぜならばそのことによって、かれは積極的に自らの元素概念を提出しないからである。かれは新しい元素概念を提出せずに、一切の元素概念を機械論哲学に基づき、形、大きさ、運動という物理的性質を持つ観念的微粒子＝原子に還元した。一方には化学的性質を持った現実の物質があり、他方には単に物理的性質をもつ微粒子がある。そして、この間隙をうめる化学的な意味を持つ究極的

な要素としての元素ないし単体の概念がかれにはない。

確かにボイルはその機械論哲学により、旧い元素の概念を理論と実験の両側面から徹底的に懐疑して批判し、従来の物質観を根本的に展開させることによって、新しい近代化学への基礎付けの道を開いた。しかしかれにおける化学革命の開始は、その完成を意味しなかった。積極的に近代化学の体系を形成し、真に正しい元素概念を確立することは、その後一世紀を経たラボアジェの出現を待たねばならなかった。しかし、物質観の転換、すなわち、アリストテレス以来の「質料」の意味を、実体としての「物質」に転換させたボイルの役割は非常に大きいといわざるを得ない。

ボイルは粒子同志を引き付ける力については何も述べていない。しかしながら、この引力についても詳しく考察した人物がいる。かれこそは、万有引力の発見者であり、アリストテレスの運動論を完全に打破し、化学革命を成し遂げ、天文学、力学、光学の古典理論を樹立した人、その名は、アイザック・ニュートン（1643-1727）である。かれは、ボイルの16年後に生まれた。両者とも王立協会の主要メンバーであり、手紙のやり取りもしている。

ニュートンの物質観を知ることはボイル以後の原子論の発展を知る上で重要である。次章では、この偉大な科学者ニュートンの原子論を究明する。

【註】

(1) シュウォルツ、ビショプ『科学の歴史』菅井準一他訳　河出書房新社　1962年
(2) 『パスカル全集』伊吹武房他訳　人文書院　1959年
(3) 同上
(4) シュウォルツ、ビショプ前掲書
(5) Maddison, The Life of the Honourable Robert Boyle, F. R. S. London, 1969
(6) R. S. Westfall, Unpublished Boyle Papers retating to Scientific Method, Annals of Science, 12, 1957
(7) Westfall, Ibid.
(8) Robert Boyle, The Sceptical Chymist, London 1661, Everyman's Liblary 1964
(9) Robert Boyle, The Origine of Formes and Qualities, 1667, rep. 1966
(10) Robert Boyle, The Sceptical Chymist, op. cit.
(11) Robert Boyle, Ibid.

第6章 ニュートンの物質観

　ニュートンは、光の粒子論者としてよく知られている。かれには、主著が2冊ある。『プリンキピア』（初版1687年）と『光学』（初版1704年）である。後者の中でニュートンは次のように述べている。

　定義I　光の射線とは、光の最小粒子であって、異なる直線上で同時に存在するばかりではなく、同一の直線上であいついで存在するものとする[1]。

　ニュートンは光のみならず、物質も最小の粒子、つまり原子からできていると考えている。『光学』の第二版（1717年）から入れられた「疑問31」で次のように述べている。

　　初めに神は物質を固い、充実した、密な、堅い、不可入性、可動の粒子に形作り、その大きさと形、その他の性質及び空間に対する比率を、神がそれらを形作った目的に最もよくかなうようにした。これら始原粒子は固体であるからそれらの複合物であるいかなる多孔質の物質よりも比較できないほど堅く、決して磨滅したり、こなごなに壊れたりしないほど極めて堅い。神自らが最初の創造において、ひとつに作られたものを、普通の能力で分解することは不可能である。これらの粒子が崩れず完全であるかぎり、それらは万世を通じて同じ性質と構造を持つ物質を構成することができる[2]。

さらに物質がこれらの粒子の階層構造によってできていることを、『光学』題Ⅱ篇第三部命題Ⅷの中でかれは次のように述べている。

> 粒子の間の間隙ないし空虚な空間は、粒子全体と大きさが等しい。そしてまたこれらの粒子はさらに小さいほかの粒子で構成されており、それらの微粒子もその間に、それらの粒子のすべての大きさに等しい空虚な空間を持っている。同様にまた、これらのさらに小さい粒子は、さらにはるかに小さい粒子で構成されており、それらをすべて一緒にしたものは、それらの間のすべての細孔または空虚な空間に等しい。このようにして、どこまでも続き、ついにはその内部に細孔または空虚な空間を持たない固い粒子に達する。もし任意の大きい物質の中に、このような粒子の階層が例えば三つあって、その最小のものが固い粒子とすれば、この物質は、固い粒子の七倍の細孔をもつであろう。もしこのような粒子の階層が四つあって、その最小のものが固い粒子とすれば、この物質は、固い粒子の15倍の細孔を持つであろう。もし階層が五つあれば、その物質は、固い粒子の31倍の細孔を持つであろう。もし階層が六つあれば、その物質は固い粒子の63倍の細孔を持つであろう[3]。

ニュートンの物質観はボイルのものと同様に、究極の微粒子＝原子の階層構造から物質ができているとしているが、ニュートンは細孔の体積を各段階の複合体の常に2分の1として具体的に計算しているところが目新しい。

つぎに、究極粒子の数について、両者を比較すると、ボイルは前章でとりあげたように『懐疑的化学者』の中で

> 命題―Ⅰ　最初の創造のさい、混合物体を作った宇宙の諸部分、とりわけ不変物質は、さまざまに運動しているいくつかの形や大きさを持った微粒子に分割されていたと信じても、不合理でないと思われる[4]。

下線部分からわかるように、ボイルは「いくつかの」≒「2、3種類」の究極粒子を考えている。これに対してニュートンは、前出の『光学』の「疑問31」の中で

　　…の粒子に形作り、<u>その大きさと形、そのほかの性質及び空間に対する比率を、神がそれらを形作った目的に最もかなうようにした</u>[5]。

　下線部分から、ニュートンは複数の究極の微粒子を想定していたことがわかる。それでは、ニュートンはいったい何種類の微粒子を考えていたのだろうか。この問に答えたのが筆者の修士論文「ニュートンの錬金術に関する一考察」[6]である。これを要約すると次のようになる。
　ニュートンは生前に多くの錬金術に関する手稿を残した。しかも多くの化学実験を行った。かれの実験ノートを詳細に調べると、硫黄化合物と水銀化合物についての実験が圧倒的に多く、硫黄と水銀をとりだすものが主である。錬金術に関する手稿も硫黄と「哲学的硫黄（27ページ参照）」、水銀と「哲学的水銀（27ページ参照）」に関するものが非常に多く、「哲学的硫黄」、「哲学的水銀」を取り出すものが主である。これらを総合して考慮すると、ニュートンは原子論とアリストテレス以来の思弁に従う性質としての形相である「哲学的硫黄」「哲学的水銀」を統合させて、究極の粒子として、「哲学的水銀」粒子及び「哲学的硫黄」粒子を考え全ての物質がこれらの階層構造をとると考えていたことが結論される。
　以上からボイルもニュートンも究極粒子の数を数種類想定していることがわかる。

　前章で究明したようにボイルは、物質転換が可能と考えていた。つまり、ある物質を作っている微粒子の結びつき方を変え、ほかの結びつき方を作り出し、ほかの物質に変えることが原理的に可能だとするのである。しかるにニュートンは、物質転換についてどのように考えていたのであろうか。彼の著書『酸の本性』（1710年）に次の記述がある。

第一、第二結合の金の微粒子を引き離すことができれば、金は流動的になり、少なくともやわらかくなるだろう。もしも、金が発酵し、腐敗するならば、任意のほかの物体に転換できるだろう。それはあたかも普通の栄養が、動物や植物の身体になるようなものである[7]。

　発酵や腐敗を微粒子の再結合を行うものとニュートンは考えていたようである。そして微粒子がある物体と同じように再結合されると、物質変換が可能であるというのである。また、それは栄養の中の微粒子が再結合されて、動植物の身体になるのと同じことであるというのである。すなわち、ニュートンは、微粒子の再結合によって物質変換が可能と考えていたのである。つまりニュートンはボイルと同じ理由で物質変換が起こり得ると考えていたのである。しかもそれのみならず、ニュートンは、物質と光が互いに変換することも可能だとしているのである。『光学』に次の記述がある。

　疑問30　粗大な物質と光とは互いに変換できるのではないか。また物質はその活性の多くを、その組成に入ってくる光の粒子から受け取るのではないか。…物質から光へ、また光から物質への変化は、転成を喜ぶかに見える自然の過程に極めてふさわしい。…どうして自然が物質を光に、また光を物質に変えないことがあろうか[8]。

　光を微粒子と考えているニュートンにとって、微粒子からできている物質と、光の相互変換は当然の帰結であろう。
　ところでニュートンは光を、赤、橙、黄、緑、青、藍、菫のそれぞれの色に分けて、白色光がこれらの色の混合であることを証明している。光を粒子と考えて物質との変換も可能と考え、物質粒子が、「哲学的水銀」粒子と「哲学的硫黄」粒子からできていると考えている以上、光もこれら二種類の粒子からできていると考えざるを得ない。つまりこれら二種類の粒子の結合の種類と数によって七色の七種類の粒子が生じ、それらの粒子の混合によって無限種類の色ができると、ニュートンは考えていたのではな

かろうか。『光学』には現在のような三原色の記述はなく、プリズムで分けることができた色は、基本的には七色であるので、このように考えるのが妥当ではなかろうか。

ところでボイルとニュートンの決定的な違いは、ボイルが微粒子間の引き合う力について何も述べていないのに対して、ニュートンは明白に述べている点である。『プリンキピア』の第二版から新たに加えられた「一般注」の中に次の記述がある。

> われわれはここで精気（スピリット）すなわち、あらゆる粗大な物質に浸透している、ある微細なものについていくらかつけ加えることが許されるであろう。この精気の力と作用によって、諸物体の各微小部分は、近い距離にあっては互いに引き合い、接触していれば結合する[9]。

そしてその四年後の『光学』第二版（1717）では、新たにエーテルに関する八つの「疑問」（17—24）が追加され、ここではっきりとエーテルという名称が使われる。まず、「疑問18」の中で次のように述べている。

> …暖かい部屋の熱は、空気を抜いた後も真空中にのこる空気よりもはるかに微細な媒質の振動によって、真空中を伝えられるのではないか[10]。

「疑問19」ではこの媒質をはっきりと「エーテル媒質」と述べている。

> **疑問19** 光の屈折は、このエーテル媒質が場所によって密度を異にし、光は常にこの媒質のより密な部分から遠ざかることから起こるのではないか。その密度は、水、ガラス、水晶、宝石、およびその他の緻密な物質の細孔の中よりも空気やそのほかの粗大な物質のない、自由な広々とした空間において、一層大きいのではないか[11]。

ニュートンは光も微粒子と考えていたので、微粒子はエーテルの濃度の低い方に動くと考えていたわけである。これによって光の屈折を説明しているのである。
　ニュートンはさらにこの思弁を、重力の原因にまで拡張させている。

　　疑問 21　この媒質は、太陽、恒星、惑星及び彗星などの密な本体では、それらの間の空虚な天空より、はるかに疎なのではないか。そしてそれから遠距離に進むにつれて、それは耐えずますます密になり、物体はすべてこの媒質の密な部分から疎な部分へ進もうと努めるから、これらの巨大な物体相互間の重力、そしてまた<u>その物体に向かうそれらの粒子の重力を生じるのではないか</u>[12]。

　下線部分からわかるように、粒子は、エーテルの濃度の低い方に向かい結合していくのである。つまり、細孔が多い高次結合体ほど内部のエーテル濃度が小さい。したがって、エーテル濃度のより高い低次結合体は、エーテル濃度の低い高次結合体に向かって引かれ結合していくことになる。究極粒子単独と結合体との場合も同様に考えることができる、つまり、結合体の中のエーテル濃度は低く単独の究極粒子の周りのエーテル濃度は高いので、究極粒子はエーテル濃度の低い結合体の方に引かれるようになる。それでは、究極粒子どうしの場合はどうであろうか。粒子の周りのエーテル濃度は異なるので、周りの濃度の濃い方の粒子が薄い方の粒子に結合していくと考えているのである。
　以上のように、ニュートンは粒子の結合を考えたのである。そしてそのエーテルの実体について「疑問21」の中で次のように述べている。

　　エーテル粒子は、空気の粒子よりも、あるいは光の粒子よりさえも、はるかに小さいと仮定すれば、それらの粒子の非常な小ささが、それらの粒子を互いに遠ざからせる力の大きさに寄与し、またこのためこの媒質を空気よりもはるかに疎で弾性的なものにし、したがって、投

斜体の運動に抵抗する力を著しく小さくし、またそれ自身広がろうとすることによって、粗大な物体を圧す能力を非常に大きくするであろう[13]。

　下線部分より、なぜエーテルの濃い部分から薄い部分に物質が引かれるかが明らかになった。ニュートンはエーテルを微細な粒子と考えているので、我々が現在の気体分子について考えるのと同様にエーテルができるだけ広がっていこうとするというのである。したがって、濃い濃度のエーテルは薄い濃度のエーテルに向かって流れるので、それに押されて、粒子や物体が移動していくというのである。以上より我々は、ニュートンが万有引力から、究極粒子にいたるまですべてエーテルによって統一的に考えていることがわかった。そしてエーテルは微粒子であり、物質の階層構造の空所に入る最小粒子なのである。そして我々はここで重要な結論を導くことができる。つまり、ニュートンは「哲学的水銀」粒子、「哲学的硫黄」粒子、エーテル粒子の少なくとも三つの究極粒子を想定していたのである。しかしこのエーテルは物体の運動に抵抗を与えないことも同時に述べている。

　疑問22　惑星や彗星、及びすべての粗大な物体は、ほかのどの流体においてよりも、全空間をいささかの細孔を残さず十分に充満し、したがって水銀や金よりもはるかに密であるこのエーテル媒質において、自由に抵抗なく運動するのではないだろうか。たとえば、もしこのエーテルが、空気よりも700,000倍弾性的であり、700,000倍も希薄であると仮定すれば、その抵抗は、水のそれより600,000,000倍も小さいであろう。そしてこのように小さい抵抗は、一万年たっても惑星の運動に、ほとんど何の感じられる変化をも生じないであろう。もし媒質がどうしてそのように希薄になることができるかと問う人あれば、空気が大気の上層部でどうして金の一億倍も希薄になれるかとその人に聞きたい[14]。

実はエーテルは濃度に差はあるものの非常に希薄であり、物体の運動を妨げることはほとんどないというのである。
　以上よりニュートンの物質観をまとめてみる。

(1) 物質は基本粒子からできた階層構造をとる。
(2) 基本粒子の組み替えにより物質変換が可能である。
(3) 物質と光の相互変換が可能である。
(4) エーテルが粒子間の引力の原因である。

　これをボイルの物質観と比較すると、(1)、(2) は同じであるが、(3)、(4) は異なる。さらに相違点を上げると

(1) 基本粒子数は、ボイルは数種類。ニュートンは三種類。「哲学的水銀」粒子、「哲学的硫黄」粒子、エーテルである。
(2) 粒子観の引力については、ボイルはあえて言えば、神の力。ニュートンはエーテルに帰している。

　ボイルやニュートンの物質の階層構造は、現在の

$$混合物 \to 分子 \to 原子 \to 素粒子 \to クォーク$$

に対応するもので、ここに現在の物質観の原形があることを強調しておきたい。これが私が、ボイル、ニュートンが近代原子論の祖であると言う所以である。
　それでは、古代ギリシャの原子論とボイル、ニュートンの粒子論（原子論）の差はどこにあるのだろうか。まとめると次のようになる。

(1) 究極粒子数が、古代では無数。ボイル、ニュートンはせいぜい三種類である。

(2) 物質の階層構造が、古代でははっきりしていないが、ボイル、ニュートンでは、はっきりしている。

　次章では、天秤を駆使し「質量保存の法則」を確立し、定量性を科学に導入すると共に、燃焼理論を確立し、近代元素観を打ち立て、科学命名法を改革し、「化学革命」を起こしたと言われる、ラヴォアジェ（1743-1794）の物質観を探り、ニュートン以後の原子論がどのように展開したかを闡明する。

【註】

(1) Issac Newton, OPTICKS, Dover publication inc., 1979
(2) Issac Newton, Ibid.
(3) Issac Newton, Ibid.
(4) Robert Boyle, The Sceptical Chymist, London 1661, Everyman's Liblary 1964
(5) Issac Newton, op. cit.
(6) 井上尚之『ニュートンの錬金術』
大阪府立大学大学院総合科学研究科文化学研究集録第2号 1986年
(7) Issac Newton, De Natura Acidorum, in I. B. Cohen(ed.), Isaac Newton's Papers and Letters on Natural Philosophy and Related Documents, Cambridge University Press, 1958
(8) Issac Newton, OPTICKS, op. cit.
(9) Issac Newton, Philosophiae naturalis Principia Mathematica 2 vols., the 3rd edition (1726) with variant readings, by A. Koyre and I. B. Cohen(ed.), Harvard University Press, 1972
(10) Issac Newton, OPTICKS, op. cit.
(11) Issac Newton, Ibid.
(12) Issac Newton, Ibid.
(13) Issac Newton, Ibid.
(14) Issac Newton, Ibid.

第 7 章　化学革命の主役

第 1 節　元素概念の確立者：ラヴォアジェ

ラヴォアジェもボイル、ニュートンの後を継いで原子論を採っている。そして、原子と元素を彼の最大の著書である『化学原論』(1789) の中で次のように明確に区別している。

> 私の考えでは、元素の数や本性について言えるすべてのことは、全く形而上学上の議論に属する。もし元素という語が質量（matter）を構成している<u>単一で不可分割な原子</u>を意味するものなら、それらについては確かに何もわからない。しかし、もしも<u>元素</u>あるいは物質中の原質という語が<u>分析で到達しうる最終点</u>を表現するために用いられるのであれば、いかなる方法であれ、物質を分解することによって得られたすべての実体は元素として承認されなければならない[1]。

ラヴォアジェによれば、実験で分解され得る最終物が元素であり、単一で不可分な原子について言うことは形而上学的なものとなる。
これに対してボイルは『懐疑的化学者』の中で次のように述べている。

> 私は、医化学派が原質（principle）という語に関して一番分かりやすいように述べているのと同じようにして、元素をある始原的で単一な物体、つまりまったく混合していない物体という意味で用います。これは何かほかの物体からなるものではなく、完全な混合物と呼ばれ

るすべての物体を直接作り上げている成分のことであり、この混合物体が最終的にはそれへと分解していく成分のことであります。さて、元素化されたと称される物体の各々すべてが、こうした混合物体中に常に存在するか否かが、今、私が問題としていることなのです。…<u>自然があらかじめ存在する諸元素としてすべてのほかのものをそれから合成せねばならないような、原初的で単純な物体が存在すると、我々がなぜ信じなければならないのかその理由がわからない</u>[2]。

前章で究明したようにボイルは粒子論者であり、上で述べている「最終的にそれへと分解していく成分」とは、究極粒子かまたはこれらが結合した結成体と考えられる。しかしながら、下線部分からわかるように、すべての物質に常に存在するような結成体は存在しないと述べているのであるから、ボイルの元素は数種類の究極粒子に他ならないことになる。つまり、ボイルの物質観では、

究極粒子＝原子＝元素

である。しかし、ラヴォアジェはこのボイルの元素を形而上学的なものとして一蹴し、元素とはあくまで、

分析で到達しうる最終点

と明確に定義することによって、具体的に33種類の元素を提唱した。そして次のように述べている。

　ここではっきりさせておきたいのは、自然のあらゆる物体が三つあるいは四つの元素だけからしか構成されていないと考えようとする傾向は、ギリシャの哲学者たちに端を発する先入見によっているということである。四元素の割合の変化によって私たちの知っているあらゆ

第7章　化学革命の主役　53

る物体が構成されると認めることは、実験物理学及び化学の最初の観念を私たちが最初に持つよりずっと以前に考え出されたまったくの想像上の仮説である。私たちはいまだに事実を知ってもいないのに体系を作りあげていた。そして今日事実は収集されてきたが、その事実が先入見と適合しない時にはその事実を努めて拒否しようとしているようである。真実、人間哲学の創始者たちの権威がいまだに感じられるのであり、それは必ずや来たるべき世代にもなお重くのしかかることであろう。

　非常に驚くべきことは、どの化学者も四元素説を主張して、事実に基づいて元素数がそれ以上あるとは誰も考えてみようとしないことである[3]。

　つまりラヴォアジェは、古代ギリシャからニュートンにいたるまでせいぜい4種類であった「究極物質＝元素」の概念を完全に否定したのである。その裏付けになったのは彼の実験であった。ラヴォアジェは、私財をなげうって大規模な実験室を作り、最新で精密な実験器具と実験装置を使って多くの助手を使って数多くの実験を行った。その実験成果が彼をしてそう言わしめたのである。ここにおいて、ボイル、ニュートンの「究極粒子である原子は数種類である。」という思弁が「実験化学」に敗北したのである。「分析で到達し得る最終点」と断ってはいるが、元素数の「数種類」から「33種類」への増加をあえて行ったラヴォアジェの勇気には感嘆せざるを得ないし、偉大さがそこにある。つまり、「数種類」から「多数」への変更は物質観の大転換を意味する。これこそラヴォアジェの最大功績であり、ここに「化学革命」が始まったと言えるであろう。ラヴォアジェの元素を具体的にあげると次のようになる。

ラヴォアジェの元素表（33 種類）

光	熱	酸素	窒素	水素	イオウ	リン	炭素	海酸基	フッ酸基
ホウ酸基	アンチモン	銀	ヒ素	ビスマス	コバルト	銅	スズ
鉄	マンガン	水銀	モリブデン	ニッケル	金	鉛	白金
タングステン	亜鉛	石灰	マグネシア	バリタ	アルミナ	シリカ

　石灰、マグネシア、アルミナなど、後で酸化物であることがわかったものも含まれている。ラヴォアジェは、酸はすべて酸素を含むと考えていたので、海酸（今日の塩酸）、フッ酸（フッ化水素酸）、ホウ酸、の成分元素は未知であったが、これらをそれぞれ海酸基、フッ酸基、ホウ酸基という名称で元素表に載せた。ラヴォアジェはあくまで、

　　すなわちすくなくとも私たちの知識の現状ではそのようにみなさざるを得ない物質について [4]

と断って述べているので間違ってはいないことになる。例えば精密天びんを特別に作らせ「質量保存の法則」を発見したほど、精密な実験をした彼であったからこそ、実験の限界が良く理解されていたと思われる。そしてその結果が上記のような発言になったと推察される。ところでラヴォアジェは、「光」を元素と考えているが、これはニュートンの影響を受けたものと思われる。当時、プリンキピアはラテン語で書かれ、1688 年にはやくも、フランス王立アカデミーの『ジュナル・デ・サヴァン』に書評が載っており、フランスの知識人の間でも広く読まれていたことを考えると当然のことであろう。
　ラヴォアジェの 33 の元素のうち 23 は現在でも正しいものである。
　ラヴォアジェ亡き後、原子論を継承し、確立したのは、ドルトン (1766-1844) であった。彼は、原子の相対的質量を測定し決定すると共に、元素記号を考案した。ラヴォアジェは元素の種類を数種類から、33 種類まで

拡大したが、それらの質量を具体的に決定するところまで至らなかった。しかしドルトンはそれを決定した。ここにおいて、原子論というパラダイムは完成された。次節ではドルトンがいかにして原子量を決定し、原子論パラダイムを完成させたかを闡明する。

第2節　原子量の決定者：ドルトン

　フランス語で書かれたラヴォアジェの『化学原論』の最初の英訳本がイギリスで出版されたのは、1790年、すなわち原著が出た翌年である。ドルトンは1793年、27才のとき、マンチェスター学院の数学・自然科学の教師になり、その翌年には、ラヴォアジェの『化学原論』の英訳本を教科書に用いて、化学も教えた。彼は、青年時代にラヴォアジェの学問的な遺産を引き継ぎ、自国のニュートンの粒子概念とを統合し、化合物の組成と組み合わせて、原子量の概念に到達したと推察される。ドルトンは原子論と原子量の研究を1808年に、『化学の新体系』にまとめて出版した。この本の冒頭で彼は次のように述べている。

　　物体の種類には三様の区別、または三つの状態があり、時に哲学的化学者の注意を惹いてきた。すなわち弾性流体、液体、固体といった語で区別される区別のことである。一定の環境のもとで、この三つの状態をすべて取ることができる物体の非常に身近な実例を、我々は水に見いだす。すなわち、水蒸気は完全な弾性流体であるし、水はまったくの液体であるし、また氷は完璧な固体と認められる。以上の観察から、あまねく認められているように思われる次の結論がおのずと認められている。つまり、知覚可能な大きさを持ついかなる物体も、液体であれ、固体であれ、おびただしい数の極めて小さい粒子、あるいは引力という力で互いに結びつけられている物質の原子からできている、という結論である[5]。

　ドルトンはこのように、全くアプリオリに原子論をとらえている。『化

学の新体系』の中には、ニュートンやラヴォアジェの引用が多く出てくる。これら二人が原子論をとっている以上ドルトンが原子論を自明の理としているのは当然のことであろう。続いてドルトンは化合物の定義を次のように行っている。

> すべての均一な物体の究極的粒子は、重さ、形などの性質について同じである[6]。

更に弾性流体、つまり気体については次のように述べている。

> 各々の種類の純粋の弾性流体は、球形ですべて同じ大きさの粒子を持つ。しかし、異なる種類の粒子の大きさは一致しない[7]。

また原子そのものについては、次のように述べている。

> 化学的な分解にせよ合成にせよ、それらはつまるところ粒子を互いに分離させたり再結合させたりすることにほかならない。物質を新たに創造したり破壊することは、化学作用の及ぶ範囲外のことである。水素粒子を作ったり破壊できるくらいなら、太陽系に新惑星を導入したり、すでに存在しているものを消滅させたりしようと試みることすら可能となろう。我々がなし得る変化は、凝着や結合の状態にある粒子を引き離すか、それともそれまで離れていた粒子を結びつけるかくらいのものである[8]。

ドルトンはこのように、ラヴォアジェに比べて非常にはっきりと原子自体を認識していたことがわかる。そして決定的な違いは原子の相対的質量についての法則を導いたことである。

> 物質の相対的重量がわかると、そこから物体の究極的粒子あるいは

原子の相対重量が推定されるかもしれず、更に、将来の研究を助けるばかりではなくそれを導き、またその結果の是正さえ行う目的で、他のさまざまな化合物に含まれる原子の数や重さが得られたかもしれないのであった。そこで、単体及び化合物の究極的粒子の相対重量、ひとつの化合物粒子を形成している単体元素粒子の数、そして化合度の大きい粒子をつくる化合度の小さい化合物粒子の数を確定することの重要性と利点とを示すことが、この著作の大きな目的となるのである。

結合する性質を持つ二つの物体 A と B がある場合、その結合は以下に示すように、最も単純な組み合わせから順に起こるであろう。すなわち、

Aの一原子 + Bの一原子 = Cの一原子、二元体
Aの一原子 + Bの二原子 = Dの一原子、三元体
Aの二原子 + Bの一原子 = Eの一原子、三元体

等々

……次の一般規則は化学合成に関するあらゆる我々の研究を通じて指針として用いてよいだろう。
第一。二つの物体の間に一種の結合しか得られない場合、そうでないと思われる原因が他に認められない限り、その化合物は二元体と仮定しなければならない。
第二。二種の結合が観察される場合、それらは二元体と三元体と仮定しなければならない。
第三。三種の結合が得られた場合、そのうち一種は二元体、残りの二種は三元体と想定してかまわない[9]。

まさにこの部分こそが、ドルトンの独創である。更に次のように続ける。

すでによく確認されている化学上の事実にこれらの規則を適用する

ことにより、以下の結論が導かれる。第一に、水は水素と酸素から成る二元体化合物であり、それぞれの元素原子の相対重量はだいたいのところ一対七である[10]。

　もちろん現在の知識から言えばこの文章は誤っている。つまり水は HO ではなく H_2O である。彼の規則はまったく根拠がなく、正しくない。しかしながら、当時の幼稚な実験技術や理論ではどうにもならない複雑な現象を一本にまとめるためには、思いきって簡単化した仮説はむしろ有効であった。思うにドルトンが用いた「最単純性の原理」、つまり自然は最も単純な方法を選ぶという仮定こそが、現代科学全般の発達に際して科学者がまずとった態度であったように思われる。人間の思考のパターンは常に、「単純」→「複雑」という経路を取ることからもドルトンの仮定は当然であるように思える。ラヴォアジェが元素数を、数種から多数に増やしたのも、「単純」→「複雑」の同様の思考過程があるからである。実際の原子では、ドルトンのこの仮定に当てはまらない場合もあったが、うまく当てはまった場合もあった。そしてドルトンが考えた元素、すなわち原子の種類は20種で現在の約5分の1と少なく、その原子量も現在の値とは異なるものも多い。しかしドルトンの最大の功績は、ニュートンの力学的原子論とラヴォアジェの近代的元素観を統合し化学的な20種類の原子を考え、そしてそれらの違いが質量の違いにあることを看破し、更に独創的な「最単純性の原理」を導入することによって、いままで形而上学のものであった原子を実体のある存在として我々の目の前に差し出したことである。ここにギリシャ以来の最大のパラダイムであった　粒子論＝原子論　が完成したのである。そしてここにおいて、化学革命が完了したと考えてよいであろう。つまり、化学革命とは、粒子論・原子論のパラダイムの確立にほかならないと私は考える。

　もうひとつ忘れてはならない重要なことがある。ボイル、ニュートンとラヴォアジェ、ドルトンとの著作の決定的な違いは、前者達が「粒子・原子を創造したのが神である」ことを強調しているのに対して、後者達はこ

の点についてまったく述べていないことである。ラヴォアジェはニュートン没後16年後に生まれ、ドルトンは39年後に生まれている。歴史上から見ればわずかな期間に過ぎないが、この期間の間に、「科学」「化学」は、自分自身から「神」との決別を行ったのである。この背景には、ルネッサンスによる人間回復、あるいは産業革命による産業、技術、経済、社会の進歩等が考えられる。ともあれ、「『神』からの独立」このテーゼこそが、「科学」あるいは「化学」が学問として成立していくための十分条件と考えられる。

　そしてドルトンの原子論は、ゲイ・リュサック（1778-1850）の気体反応の法則（1801）を経て、アヴォガドロ（1776-1856）の分子論（1811）に発展し、更に気体の分子運動論にまで拡張されていくことになる。

【註】

(1)　ラヴォアジェ『化学原論』柴田和子訳　朝日出版社　1988年

(2)　Robert Boyle, The Sceptical Chymist, London 1661, Everyman's Liblary 1964

(3)　ラヴォアジェ前掲書

(4)　ラヴォアジェ前掲書

(5)　John Dalton, A New System of Chemical Philosophy, William Dawson and Sons, Ltd., 1953

(6)　John Dalton, Ibid.

(7)　John Dalton, Ibid.

(8)　Jhon Dalton, Ibid.

(9)　Jhon Dalton, Ibid.

(10)　Jhon Dalton, Ibid.

第8章 原子からクォークへ

　現代科学の物質観の一大パラダイムである粒子論は、現存する文書で見るかぎり、その源を古代ギリシャに求めることができた。ここでは、すべての物質は、アトム＝原子とケノン＝真空からできていた。また原子は不生不滅、不可視、不分割、なる微粒子で、その種類は無数にあり、相互変換不能で大きさ、重さ、形を異にしていた。これらを唱えた代表が、デモクリトス、エピクロス、ルクレティウスなどであった。しかしながら彼らの考えは、実験をまったく伴わない思弁にすぎず、「神」なしで、すべての現象を、アトムと真空で説明できるという至便性から、一種の無神論的宗教に近いものであったとも考えられる。

　アリストテレスは存在を「形相」と「質料」との結合において把握し、四つの基本的性質、温、冷、乾、湿がそれぞれ二つずつ組み合わさって、「第一質料」に結びつき、そこに元素と呼ばれる四つのもの、火、空気、水、土が成立するとした。そしてこの四元素が種々なる割合において組み合わされることにおいてさまざまな物質が生じるとした。ここにおいて粒子論は歴史の表舞台から姿を消すことになる。アリストテレスの説に従えば、すべての物質は、その要素たる四元素が相互に他に転じたり、あるいは外から他の元素が加わったりして含んでいる元素の割合を変えて、他の物質に変じることができることになる。ここに錬金術の理論的支柱が確立されたのであった。

　原子論にしてもアリストテレスの説にしても実験的裏づけの無い全くの思弁に過ぎない。それではなぜアリストテレスは、粒子論をとらなかった

のであろうか。本文でも述べたとおり、アリストテレスにはひとつの信念があった。それは、「自然は真空を嫌悪する。」というテーゼである。このテーゼこそがアリストテレスが原子論をとれなかった最大の理由であると考えられる。つまり、原子論では、アトムの無いところには真空しかないのだ。当時の人達が真空を想像することは不可能であろうことは論を待たない。ここにアリストテレスの哲学がローマ時代から中世に至る長きに渡るまで生きのびた最大の理由があると筆者は考える。

　時代が中世へ下るにつれて、錬金術が盛んに行われるようになり、アリストテレスの四元素説が金属処理の実用上の必要に迫られて、水銀と硫黄からなると修正されていった。これらはあくまでも性質の表現であって、前者は延性揮発性という性質の表現であって、後者は可燃性と金属の色についての性質を示すものであった。この両者の割合を変えることにより、高貴な金属を得ることができると考えられた。更に、パラケルススは、硫黄、水銀に塩を加えて、三原質説を唱えた。錬金術が盛んに行われ、産業、経済が進歩するにつれて、科学及び化学技術、並びに科学及び化学実験を行う装置が非常に発達した。特にガラス器具の製法技術の進歩にはめをみはるものがあった。そしてルネサンスで古代ギリシャ文化を見つめ直す気風も生まれ、ガッサンディなどの古代原子論を復活させて唱えるものが出現してきた。そして、トリチェリーが1643年に、そしてパスカルが1646年に実験により真空を作り出すことに成功した時、アリストテレスの思弁は敗北した。実験科学の勝利がそこにある。

　ここにおいて原子論、粒子論の復活の期は熟した。ロバート・ボイルの登場である。彼は貴族であり豊富な資金力を背景に多くの実験を行うと共に『懐疑的化学者』を著して、アリストテレスの四元素説並びにその延長上にあるパラケルススの三原質説を打破した。そして数種類の究極粒子からなる粒子論を唱えた。しかし粒子の結合力については触れず、また粒子の組み替えによる物質転換を示唆するなど不完全なものであった。彼のやや後に登場するのが古典力学の完成者であるニュートンである。ニュートンは光の粒子論者として知られているが、光のみならず物質も二種類の究

極粒子からなると彼は考えていた。粒子の結合力の原因として更に小さい粒子であるエーテルを考えた。ボイルもニュートンもあくまで数種類の究極粒子しか考えておらず、これらの組み合わせと運動によってすべての物質ができているとした。この数種類しか考えないところに筆者は、アリストテレスの四元素説や、パラケルススの三原質説の三や四の数の影響を読み取るのである。現にニュートンはパラケルススの影響を受けた錬金術のおびただしい実験を行っている。アリストテレスやパラケルススの影響を完全に断ち切るためには、18世紀後半迄待たねばならなかった。

　1789年に、ラヴォアジェは、『化学原論』を著して、新しい元素観と、33種の元素を公にした。ここにおいて人類は数種類の元素という呪縛から解き放たれた。ラヴォアジェによれば元素とは、「分析によって到達し得る最終点」に他ならなかった。つまり、ボイル、ニュートンまでは形而上学上のものであった原子が実験によって認められるもの迄降ろされたのである。ここ至る迄には技術、科学、化学実験、実験装置の進歩が不可欠であり、その裏には、産業革命に伴う技術、経済の進歩があることを見落としてはならないであろう。惜しいかな、貴族であり税金徴収人であったラヴォアジェは、フランス革命の嵐の中で断頭台の露と消えてしまう運命にあった。

　しかしまだ人々には原子の実感がつかめない。そこに現れるのがドルトンである。彼は元素の違い、つまり原子の種類の違いが、実はその質量の違いにあると見抜き、実際に独創的な規則「最単純性の原理」を作って原子の質量を測定していった。ドルトンは1808年に『化学の新体系』を著して、20種類の元素とその原子量を発表した。ここに原子はついに我々が実感として捕らえられるところ迄引きずり降ろされた。デモクリトスが思弁としての原子論を述べてから、実に2300年もの歳月が要されたのである。そして物質観の一大パラダイムである、粒子論、原子論がここにおいて完成されたのである。そしてこの時点において化学革命がなされたといってよいであろう。

　1897年にJ. J.トムソン（1856-1940）が電子を発見し更にチャドウィッ

ク（1891-1974）が、1932年に中性子を発見して原子自体の構造が明らかになった。しかし陽子や中性子は更にクォークと呼ばれる基本粒子からなると考えられて研究が進められている。現在迄のところ6種類のクォーク（反クォークを含めると12種類）が考えられている。歴史は繰り返すというが、ニュートンが物質は究極粒子の階層構造からなると指摘し、その粒子を数種類と考えて捜し求めた状況と現在の状況が酷似しているように思える。クォークに新たな階層構造があるのか、はた又、ラヴォアジェの登場で、原子数が33種類に増えたようにクォークの数も更に増えるのか。

　前章でみたように、物質の階層構造に対する我々の知見の進歩を振り返るとき、

　　　原子数少→原子数多→更に下の階層の原子自体の構造究明
　　　素粒子数少→素粒子数多→更に下の階層の素粒子自体の構造究明

と同じパターンをとっている。これに従えば、

　　　クォーク数少→クォーク数多→更に下の階層のクォーク自体の構造究明

となるはずであるがどうであろうか。

　この答は簡単である。筆者が、本書の中で繰り返し述べたように実験技術、実験方法の進歩のみがこの答を出すことができる。経済が非常に進歩し、技術革新も激しい現代であればこそ、超大型加速器などの大規模実験を国家的プロジェクトで取り組めば早晩この問題は解決することであろう。

　最後に、原子論、粒子論のパラダイムの完成迄を図示して本書の総括としたい。

デモクリトス（B. C. 460頃-370頃）の原子論（無数の種類のアトムと真空からなる）。
↓
エピクロス（B. C. 342-271），ルクレティウス（B. C. 94-55）に受け継がれる。無神論的宗教性を帯びる。
↓
アリストテレス（B. C. 384-322）「形相」と「質料」に基づく四元素説。「自然は真空を嫌悪する」として原子論を否定。
↓
錬金術が盛んに行われる（13世紀ごろ）。
↓
パラケルスス（1493-1541）硫黄、水銀、銀からなる三原質説を展開。錬金術、医化学の隆盛。
↓
ガッサンディ（1592-1655）原子論の復活。
↓
トリチェリー（1608-1647）真空実験（1643）。
パスカル（1623-1662）真空実験（1646）。
アリストテレスの物質観の否定。
↓
ボイル（1627-1691）『懐疑的化学者』（1661）でアリストテレスの四元素説、パラケルススの三原質説を打破し、数種類の究極粒子からなる粒子論を展開。
↓
ニュートン（1647-1727）『プリンキピア』（第二版1713）、『光学』（第二版1717）の中で階層的粒子論を展開。二種類の究極粒子とそれらを結びつけるエーテルを考える。
↓
ラヴォアジェ（1743-1749）『化学原論』で「分析で到達し得る最終点」という近代的元素観と、33種類もの多くの元素を公表。数種類の究極元素というボイルやニュートンのアリストテレスやパラケルススにとらわれた思弁を打破。
↓
ドルトン（1766-1844）元素、すなわち原子の種類の違いは、質量の違いであることを看破し、独創的な「最単純性の原理」の導入によって、原子量を決定。
↓
形而上学上の存在であった原子が、質量という実体を持った存在に転換。
↓
粒子論・原子論のパラダイムの完成。

【著者紹介】

井上尚之（いのうえ・なおゆき）

1954年生まれ。京都工芸繊維大学卒業。大阪府立大学大学院博士課程修了。
理学博士、博士（学術）。国・公・私立大学兼任講師。
環境マネジメントシステム ISO14001 審査員。環境計量士。

【専攻】科学技術史、環境マネジメント、科学教育。

【著書】『生命誌―メンデルからクローンへ』関西学院大学出版会　2006
『ナイロン発明の衝撃―ナイロンが日本に与えた衝撃』関西学院大学出版会　2006
『風呂で覚える化学』教学社　2004
『科学技術の発達と環境問題』東京書籍　2002
『科学技術の歩み―STS 的諸問題とその起源』（共著）建帛社　2000
『蒸気機関からエントロピーへ』（共訳）平凡社　1989　ほか

K.G. りぶれっと No.11

原子発見への道　ギリシャからドルトンへ

2006年3月20日初版第一刷発行
2008年1月10日初版第二刷発行

著　者　井上尚之
発行者　山本栄一
発行所　関西学院大学出版会
所在地　〒662-0891　兵庫県西宮市上ケ原一番町 1-155
電　話　0798-53-5233

印　刷　協和印刷株式会社

©2006 Naoyuki Inoue
Printed in Japan by Kwansei Gakuin University Press
ISBN 4-907654-84-7
乱丁・落丁本はお取り替えいたします。
本書の全部または一部を無断で複写・複製することを禁じます。
http://www.kwansei.ac.jp/press

関西学院大学出版会「K・G・りぶれっと」発刊のことば

大学はいうまでもなく、時代の申し子である。

その意味で、大学が生き生きとした活力をいつももっていてほしいというのは、大学を構成するもの達だけではなく、広く一般社会の願いである。

研究、対話の成果である大学内の知的活動を広く社会に評価の場を求める行為が、社会へのさまざまなメッセージとなり、大学の活力のおおきな源泉になりうると信じている。

遅まきながら関西学院大学出版会を立ち上げたのもその一助になりたいためである。

ここに、広く学院内外に執筆者を求め、講義、ゼミ、実習その他授業全般に関する補助教材、あるいは現代社会の諸問題を新たな切り口から解剖した論評などを、できるだけ平易に、かつさまざまな形式によって提供する場を設けることにした。

一冊、四万字を目安として発信されたものが、読み手を通して〈教え―学ぶ〉活動を活性化させ、社会の問題提起となり、時に読み手から発信者への反応を受けて、書き手が応答するなど「知」の活性化の場となることを期待している。

多くの方々が相互行為としての「大学」をめざして、この場に参加されることを願っている。

二〇〇〇年 四月